## Foreword

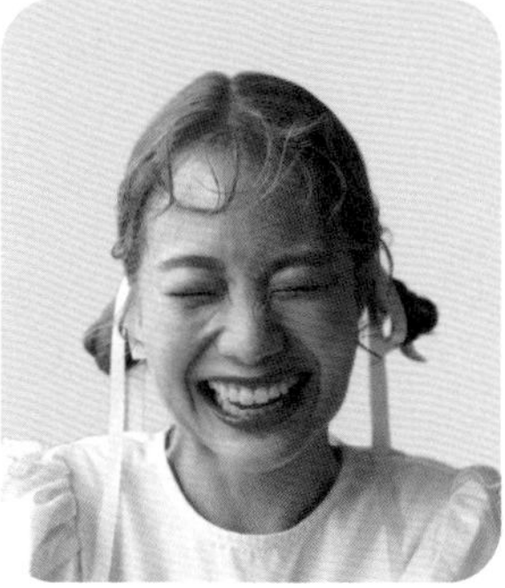

はじめまして、あみです！

私たちの本を手に取ってくれて、ありがとうございます。私が生きてきた20代の全てをありのままに書きました。

私の人生を覗き見して、あなたの人生のきっかけになると嬉しいです♡

# #あいのままのワタシたち

# CONTENTS

THIS IS FumiAmi

# WE ARE TWINS

We were one before we were ever born.

Our struggles, successes, failures, joy
– all have come to create who we are now.

We are capable of amazing things together.
We find new possibilities together.

This is us as we venture into our thirties.
This is FumiAmi.

生まれる前から二人で一つだったワタシたち

二人だから良かったコト
二人だから困ったコト
似ている部分も似ていない部分も
その全てをひっくるめて今のFumiAmiがある

ワタシたち二人だからできたコト
ワタシたち二人だから成し得たいコト

30代に突入した「いま」を綴る
ありのままのワタシたち

# THIS IS Fun

Qあなたにとって「双子」とは？

もう一人の私かな。。。

**Q名前は？**　「Fumi(ふみ)」　**Q生年月日は？**「1993年6月3日」　**Q星座は？**　「双子座」　**Q血液型は？**「AB型」　**Q趣味は？**「雑貨集めと韓国アイドル」　**Q特技は？**「韓国語」　**Qチャームポイントは？**　「生まれた時からある、目の下の涙ぼくろ」　**Q学生時代の部活動は？**「バスケットボール部！」

**Q好きなことは？**「人と話すこと」　**Q苦手なことは？**「人混み」　**Q今の仕事をしていなかったら何をしていたい？**「海外でのんびりカフェ店員とかやってみたいかな」　**Q自分の性格を一言で表すと？**「意外と繊細…！」　**Q座右の銘は？**　「100人が間違えてると言っても、その100人が間違えているかもしれない」

# THIS IS Ami

あなたにとって「双子」とは?

ふみ。

Q名前は?「Ami(あみ)」 Q生年月日は?「1993年6月3日」 Q星座は?「双子座」 Q血液型は?「AB型」 Q趣味は?「QOL爆上がりグッズ集め」 Q特技は?「テトリス/整理整頓のシンデレラフィット」 Qチャームポイントは?「左のほっぺたにだけできる小さいエクボ」 Q学生時代の部活動は?「バドミントン」 Q好きなことは?「家族や友達といった大切な人たちと一緒にいる時間」

Q苦手なことは?「冬の朝」 Q今の仕事をしていなかったら何をしていたい?「今よりもっともっと自由に暮らしてたいな」 Q自分の性格を一言で表すと?「柔軟」 Q座右の銘は?「『ありがとう』とあなたに直接言えるこの距離に『ありがとう』」

1
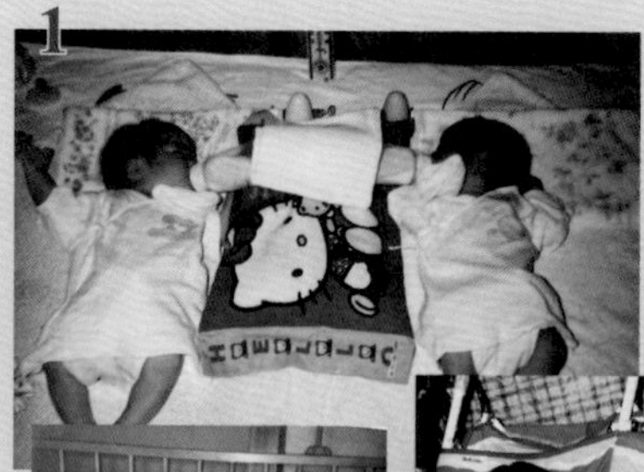

2

3

1　1993/06/03 誕生!
セルフミルクしてる二人!

2　生後半年頃
そっくりすぎてジブンたちでもどっちがジブンか分からへんw

3　1歳
双子用ベビーカー大好きやったなぁ。

7

8

9

2005

7　小学生
バスケ少女だったふみ。一緒に頑張ってたチームのみんなと。

8　高校生
ふみの高校卒業アルバム。

9　高校生
黒髪おさげのあみ。当時の英語の先生と職員室で。

## 1993　THE TIMELINE OF

4　3歳
大好きなディズニーランドで誕生日のお祝い。いつもお揃いのお洋服を着ていました!

5　4歳
おばあちゃんの地元のお祭りに参加♡

6　小学校低学年
誕生日はお母さん手作りのちらし寿司ケーキで祝ってもらっていました!

4

5

6

1999

10　高校生
この写真でふみあみを知ってくれた人、多いんじゃないかなぁ!?

11　大学1年生
この頃からハイトーンヘアがワタシタチの定番!

10
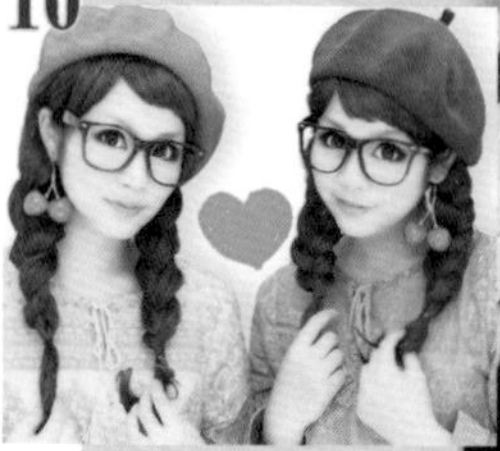

11

20代前半
jumelle立ち上げの頃。この頃から撮影のモデルからディレクションまで自分たちでするように!

20代中旬
韓国の観光支援のモデルで何度も渡韓してた時期。朝から晩までのハードスケジュール、大変やったけど今思えばそれも青春でした。

15

16

17

18

19

17 20代中旬
海外旅行が大好きで、20代は色んな国に二人で行ったな!

18 20代中旬
jumelle引越し。会社が大きくなってきて1Kのオフィスから、新しいオフィスに引越し!

19 20代中旬
2ヶ月に1回の渡韓。お姉と三人で、jumelleの仕入れのために大忙しでした。

2013

# OUR MEMORIES 2020

12 18歳
二人でウィッグのモデル時代。モデルのお仕事がどんどん増えてきてた頃!

13 19歳
アパレルブランドで一日店長体験。初めての接客楽しかった♡

14 20代前半
初めてのラジオのお仕事。毎月の収録楽しかったなぁ。

2018

2

13

14

20 20代中旬
YouTube開始。ハロウィンの仮装で二人でレオンのマチルダに。

21 20代後半
jumelleポップアップ。たくさんのお客様に会えて楽しい時間♡

22 20代後半
jumelle大人気のビッグカラーブラウス。この頃から、ビッグカラーがjumelleの定番に♡

20

21

22

Wild at heart
Youth has no age
Welcome to
CARS

n our twenties

## 20代で経験した5つのコト。

胸が張り裂けそうな恋愛も、
右も左も分からずはじめた起業も、
それから、運命や奇跡続きの結婚に妊娠・出産、
子育てって、とにかくガムシャラに、
ただただひたむきに駆け抜けたワタシたちの20代。

そんな詰まりまくったワタシたちの10年間を
5つのテーマで振り返ります。

Let our soul glow

love

# love.

renn-ai

[lʌv] n.

1, to have a strong feeling of affection for someone

2. the strong emotional attachment between two

love

恋愛とは

# 成長に必要不可欠なこと

# 恋愛とは、
# 成長に必要不可欠なこと。

## 常に成長を求めている――。<br>そんなワタシが好きになるのは、<br>いつも決まって「ジブンと真逆の人」。

一目惚れはしたことなくて、初対面でもそうでなくても、ジブンにはない一面を垣間見た瞬間の、「この人とおったらこんなコト学べる!」「こんな一面もジブンに取り入れられるかも!」が好きになるきっかけ。そうなると、その人のことをもっと深く知りたくなる。それがきっとワタシにとっての「好き」、「付き合う」っていうことで、付き合ってさらに色んな一面を知って、「この人はこんな風に考えるんや」「こんな価値観もあるんや」っていうのをジブンの中に取り入れていくっていうのがワタシの恋愛でした。一見恋愛体質に見えるけど、色んな価値観、多様性に興味があり過ぎた私の成長方法だったんだなって今振り返ったら思います。

## 辛い恋愛なのに「どハマり」<br>そんな恋愛も経験しました。

追われ続ける恋愛だと自分の成長をなかなか感じれず上手く続かないタイプでした。思い出すとやっぱりどこかで自分にないものを持ってる人にいつも惹かれがちだったのかなって。ありがたいことに両親に大学まで行かせてもらって、一般的に安定だとされる道を走りながら好きなこともさせてもらっていたワタシ。そんなワタシとは対照的に、ゼロからのスタートで壮大な夢があってハングリー精神を持つ彼。そんなジブンにはないものを持つ彼の姿に当時のワタシは惹かれていきました。夢追い人の彼とは会える日も少なくて、寂しい感情が膨らんで余計に彼への気持ちが大きくなり、どんどん恋愛の沼にハマっていくのをジブンでも感じていたくらい。その時は辛い恋愛だったけど、あの自己犠牲な恋愛を経験したからこそ自分自身を大切にすること、大切にしてくれる人と一緒にいるべきだということを学べました。
辛い恋愛が必ず成長につながるわけではないけど、辛い恋愛も経験したからこそ、友達の恋愛相談とか、ファンの子達の相談に乗る時も色んな気持ちに寄り添える今のジブンがいるんじゃないかなって思っています。

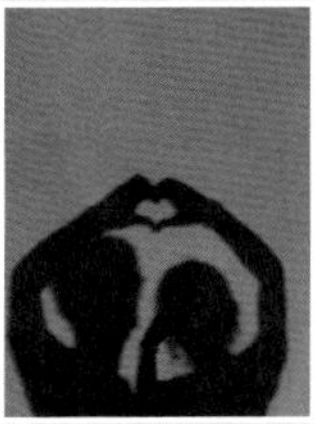

Becoming my best self.

# Love is a beautiful kind of fear

## 無駄な恋愛は絶対にない。

これまでを振り返ったら私は色んな恋愛をしてきたと思う。だからみんなの、めちゃくちゃ好きになって周りが見えなくなっちゃう気持ちも分かるし、追われ過ぎて飽きちゃう気持ちも分かる。でもワタシがとにかくみんなに伝えたいのは、無駄な恋愛なんて絶対にないってこと。今どれだけ苦しくても「あの経験ができて良かったな」って思える未来はくるし、必ず立ち直ることができるのが恋愛。「時間が解決」って言葉は絶対にあるんだなと思います。だから恋愛をすることで、人ってどんどん成長していけるんやなって思っています。周りの目は気にせずいっぱい付き合ったらいいと思うし、いっぱい別れたらいいと思う。どれだけ傷ついてもいいと思うし、どれだけ泣いてもいいと思う。絶対に学べることはあるから、怖がらずに本気でぶつかって、本気で楽しむことが恋愛の醍醐味だと思います。

Heal, learn, grow, love.

love

恋愛とは

# 結婚相手を探す旅

# 恋愛とは、
# 結婚相手を探す旅。

## 今思えばワタシって恋愛体質でした

付き合った人数は少ないけれど、付き合ったら長く続くタイプで、今振り返ってみると彼氏がいなかった期間ってあんまりなかったかもしれません。そう考えるとワタシって結構恋愛体質だったのかなって思います。「恋愛が長く続く」って、そのワードだけを聞くと良いように聞こえるかもしれないけれど、恋愛に限らず「嫌なところを見つけるより良いところを見つけたい」って思っているからか、彼氏の嫌なところを見つけたとしても、いつもそれを上回る良いところが全部カバーしてしまって、結局人として嫌いになれないから恋愛としてトキメいていなくても別れられない、、という感じでした学生時代に付き合っていた当時の彼に対してもそんな感じで、卒業するタイミングで「本当にこのままでいいんかな…?」ってジブンの中でモヤモヤしていた気持ちを友達に相談したところ、「そんな気持ちで付き合ってる方が失礼やで。相手のことを大事に思ってるなら今すぐ別れ」って言われてその時初めて"相手のためにも別れる"っていう選択肢があるんだなって気づいて、その足で別れを告げにいったこともあるくらい。嫌いっていうわけじゃないし、安心も信頼もしてるってなると情で引きづっちゃうタイプ、だから一人ひとりと長かったんだと思います。

## 双子で生まれたからこそ、ジブンだけを見てくれる「彼氏」という存在に人一倍のこだわりを持っていました

当然のことかもしれないけれど、双子で生まれたから親も友達も、ふみとワタシ二人でセット。ジブンの個性をたった一人に認めてもらえる相手って彼氏しかいなくて、だからこそ「ジブンだけ」を見てくれる「彼氏」という存在にこだわっていたのかもしれません。過去の彼氏がワタシに自信をつけてくれたし、ジブンだけを見てくれるっていうことで、すごい安心感も得ていたなって思います。

## 人生初の大失恋と改めて感じた、友達という存在のありがたさ

当時のワタシはとにかく愛されること、愛してもらうことが1番の幸せだと思っていました。でも「ジブンから『好き』って思う人と付き合いたい」そんな気持ちを胸に大学に入学。その直後に仕事関係で知り合った、当時のワタシからすると全然手の届かないような人からの告白で「ワタシでいいんですか?」という感じで始まったのが次の恋愛です。憧れで始まった恋ではあったけれど、彼に対する「好き」という気持ちが日に日に大きくなっていくのをジブンでも感じるくらい、どんどんその人にのめり込んでいきました。でも、年上でバリバリの社会人である彼と、高校を卒業したての大学生のワタシとでは色んなことが合わなくて、半年も経たずに振られたんです。それが人生で初めての振られた経験。当時まだ10代だったワタシにとって、大好きだった人にある日突然振られ、毎日一緒にいたのに急に赤の他人みたいになることも、もう二度と会えなくなることもなかなか受け入れられなくて。心臓を握りつぶされるくらいきつかったし、「この先こんなに辛い経験なんて一生ないな」って思うくらいに辛かった。でもそんな、当時のワタシにとってはどん底だった時に、友達がずっと側で励ましてくれて、そんな友達たちと毎日を過ごしていたら、それが薬みたいに効いて元気になっていって。自信とか自己肯定感とかそういった類のもの全てがなくなっていたけれど、少しずつ復活。改めて友達の大切さを感じました。当時はただただ辛かった、でもあの時の大失恋はすごく良い経験だったなって、今は思っています。失恋の痛みだけじゃなくて「友達」っていう存在のありがたさにも気づくことができたし、何より、自分から「大好き!」ってのめり込むくらいの恋愛ができたのは、その彼と付き合ったからこそ経験できたものだから。

Something
about you
is just so addictive

## 恋愛って、全部
## 結婚相手を探すためのステップ

こういう人はジブンとは合わないんやなって次は違うタイプの人と付き合ってみたり、本能的に惹かれるというよりは、結構考えて恋愛をしてきたなって思います。この人と一緒にいる時のジブンはこうだったから、こういう人といたらもっとジブンは、ジブンが思う理想のジブンでいられるのかなとかって、そういう感じで恋愛をしていた気がします。常に前向き過ぎる彼と付き合っていた時は「でも、でも…」が先行しちゃってどんどんネガティブになっていってるジブンがいて、、尊敬できる人なのに、その人と付き合っているジブンが嫌いに。でも逆に、「すごいな！ さすがあみやな！」って何でもワタシのことを肯定してくれて、ワタシが決めることが全てみたいな彼と一緒にいたら、「ちょっとはジブンで決めてほしい」「ジブンの考えは？」とかって思ってしまうジブンがいて、、そんなジブンも嫌いだった。

今思うとその時の「キュンキュン」「ドキドキ」「かっこいい！」ではなく、彼と一緒にいる時のジブンが好きか、その彼を尊敬できるか、とかって、全ては「結婚したら、、」を前提に恋愛を捉えていたのかもしれません。結婚って人生で見るとゴールではないけれど、その時のワタシの恋愛はとにかく結婚がゴールで。だからワタシにとって恋愛は、結婚相手を探すための旅みたいなものだったなって思っています。前向き過ぎる彼と、ワタシファーストだった彼。それぞれの人と当時は全力でお付き合いをしていたし、結婚を考えたこともあったけれど、この二人を足して2で割った人がいたらいいなって思っていたジブンがいて。ワタシが勝手に思い描いていたそんな理想の人、それがまさしく、後に旦那となる誠也でした。

You are
my good days.

startup

# startup.

ki-gyou

[stɑ:tʌpˈstɑ:rt] n.

1. a new company that has been started fairly recently The startup is developing an online service that will help businesses and consumers choose and manage health plans
2. the action or process of starting or making something start the startup of new businesses

# 22
## about jumelle

22歳、大学4回生の夏に起業
ワタシたち双子で作るからこそ「ふみが作った服もあみっぽく着こなして、
あみが作った服もふみっぽく着こなす」を強みにしようって。
だからブランド名も、フランス語で「双子」っていう意味の“jumelles(ジュメール)”から、
言いやすいようにと二人でもじって“jumelle(ジュメロ)”に。
性格は違うのに、顔は同じ。双子として一緒に生まれてきた二人だけど、異なる二人。
ただのお揃いではなく、この深さを感じてほしいなと思って付けたブランド名です。

### ハンドメイドアクセ時代

21歳、ワタシたちが大学3回生だった時に、ジブンたちでゼロからアクセサリーを作って販売し始めたのがjumelleの前身。ふみとあみ、それからお母さんにも出資してもらってそれぞれ5万円ずつの計15万円を元手に材料や機械を揃えて、全て手作りでアクセサリーを作り、ポップアップやオンラインショップで販売していました。すると販売開始から1ヶ月程度で売上が100万円に。それをまた資金として、今度はアパレルに展開。日本の古着屋さんの倉庫で古着を買い始めました。ビジネスというにはまだまだ程遠い規模感だったけど、これが「服」でお金を生み出した始まりです。ここからはちょっと時を遡って、別観点での起業にまつわる話。

### ファッションに興味を持ったきっかけとモデルになったきっかけ。それから二人で起業をすることになった経緯

まだワタシたちが制服を着ていた学生の頃。各4シーズンに1回お母さんからそれぞれ1万円ずつ渡してもらい、ショッピングモールに連れて行ってもらって買い物をする。それがワタシたちのオシャレに目覚めたきっかけかもしれません。双子だけどどこかお互いをライバル視しているところがあって、その渡された金額内で「どっちがどれだけ可愛い服を買えるか」無意識のうちに競っていました。「いかに安く、可愛く、オシャレになれるか」を追求していくうちに多分ファッションが好きになっていったんだと思います。そして、人と被らない特別感で目に入ったのが古着。ビンテージの可愛さはもちろん古着には掘り出し物があって、その掘り出し物に出会えた時の快感がたまらなかったのを今でも覚えています。そこからどんどんファッションにのめり込んでいって、当時流行っていたデコログにジブンたちのファッションを載せるようになりました。そして「平日は真面目な学生の双子が、週末になるとウィッグを付けて金髪古着女子に大変身!」みたいな投稿がウケて、今で言う「バズった」に。それでよく上位に上がっていくようになって認知度も上昇、雑誌から声をかけてもらうようになりました。それがより深くファッションに関わっていくことになったきっかけです。

「どうやってお店って始めるんですか?」とかって色んな人に話を聞きに行くのは、当時モデルをしながら雑誌社でバイトもしていたふみ。二人でお店をやりたいっていうことは小さい頃からずっと決まっていて、「ワタシもお店やりたいんです!」って色んな人にこれでもかという程言い続けていました。だから「FumiAmiは服やりたいんだろな」って多分周りの大人たちみんなが知っていたレベルで、「自分たちのブランドを持ちたい双子」それがワタシたちの代名詞でした。

そしてそのチャンスが巡ってきたのが、大学3回生の頃。大学の友達がみんな就職活動を始め出したタイミングでその波に乗って、あみも当時就活をしていた頃です。「とりあえず就職するか」って感じで始めた就活だったけど、最終面接まで残ったとある大手企業の人事の人に「ウチで働かん方が良い、あなたは自分でやった方が良い」と言われ、結果的にその言葉に後押しされた形で、ふみもずっと「一緒にやろう」って言ってくれていたこともあって、「やっぱりふみと服屋さんをやろう」って決心。そこからすぐに、ハンドメイドのアクセで作ったお金で古着を買って販売をスタート。ネット販売もしながら、モデルの時からお世話になっている企業さんや雑誌社とコラボして、jumelleのセレクトショップとしてポップアップを定期的に開催するようになりました。

# 〔起業>>結婚〕

当時のjumelleは友達みたいな感覚。「ふみ、あみ、jumelle」の仲良し関係みたいな、これで一生食べていくってこの時は思っていなくて。二人で服を作るのがとにかく楽しくて「喜んでくれるお客さんがいるなら求めてもらってるってことやからやろう」っていう感じでした。でもありがたいことに売上はずっと右肩上がりで、jumelleの方がどんどんジブンたちの想像を超えていった感じです。

## 1. jumelle始動

大学を卒業する1ヶ月程前に1Kの狭い事務所を借り、ECサイトも立ち上げて本格的にjumelle始動。jumelle初となるオリジナルの服を3型作ると同時に、韓国に自ら足を運んで韓国セレクトを始めました。ところが、古着も韓国セレクトも順調に売れていたのに、枚数をたくさん作らないといけないオリジナルだけ大コケ。最初の挫折を味わいました。それまではただただ二人の「好き」を詰め込むことに重きを置いていたけれど、この挫折を経験したことで、「ジブンたちの好きなもの」かつ「売れるもの」を作るということに注力するようになりました。それ以来服作りにおいて「ジブンたちだけが好き」ではなく、「ジブンたちも好き、お客さんも好き」そんな服をずっと追求しています。

## 2. 常に勉強の日々

セレクト商品を扱っていた当時は、2ヶ月に1回の渡韓。トレンドの最先端である韓国の市場に行ってセレクトをしながら、「韓国では何が人気なのか」「どういうものが売れているのか」といった流行のサーチをしに頻繁に韓国に足を運びました。もちろん日本にいる時もサーチの日々で、他のブランドでヒットしたアイテムに関して「どうしてこれが売れたのか」までも考えるようにしていました。でもワタシたち二人だったから、こういった会話をガッツリ「会議」という感じではなく、日常的な会話の中で苦でなく追求できていたのが良かったのかなって思っています。

## 3. センスの共有

生活する中で感じた「これ可愛い!」をお互いにすぐ情報交換。一緒に仕事をし始めた日から今までほぼ毎日LINEしてるくらい、プライベートのことはもちろんだけど、「この色味可愛い」「このお店の雰囲気良くない?」とかってずっとセンスの共有をしています。二人の間で若干違う好みをjumelleでも活かしたくて、お互いにジブンの「好き」を共有して、理解の深め合いをしてるっていう感じです。二人でやっているからこそお互いを客観的に見れるっていうところがワタシたちの強みかなって思っています。

## 4. フットワークの軽さと行動力

起業してすぐの頃は、知り合いが最近どこどこで仕入れたっていう情報を入手するや否や「どこの国のどの場所に行きましたか?」って聞いて、もう空の上みたいなことも多々。「良い情報があったら、何でも見てみたいし行ってみたい!」ってとにかく好奇心旺盛で、「だれよりも可愛いものを作る!」ってメラメラした気持ちで燃えていて、二人でやっているけどお互いライバルみたいな感じで「ふみより可愛いの!」「あみより可愛いの!」という気持ちがそれぞれにありました。だからよく喧嘩にも発展。今はもうそんなことなくなったけど、起業して最初の3年間くらいはすごかったと思います。でもお互いにお互いがいないと無理だって分かっていたからそこまで強く言うというより「ふみが今そういう時期なんやったらあみが今2倍頑張ろ」とかって、言葉にせずとも良いバランスを保ててたんじゃないかなってお互いにそう思っています。

small steps
everyday
make it
happen

# 〘転換期>>拡大期〙

会社の法人化に伴いメンバーの増員・定着。会社としての仕組みも整ってきて、最初はジブンたちだけでやっていた検品や梱包、配送といった業務も、倉庫の部署ができてその業務を棚卸しすることができ、ワタシたちはデザインの部分であったり、お客さんに商品の良さを伝える部分に注力できるようになりました。ジブンたちだけにしかできないことはジブンたちでやって、他の部分は安心して任せられる、そんな環境にまでなったのは、ワタシたちと同じ熱量でjumelleに向き合ってくれるメンバーたちのおかげです。

## 1. ふみの妊娠がjumelleの大きな転換期に

ふみの妊娠が発覚した時、「ふみおめでとう」っていう気持ちと同時に「jumelleどうするんやろ、今後ワタシらどうする?」っていう気持ちが同時に押し寄せました。一方で、「子どもを育てるためにもっとちゃんとお金を稼いでいかないと」「ただ楽しかったjumelleじゃなくて、これでしっかり食べていけるようにならないと」って、子どもができてからふみの意識がみるみる変化。二人で今後のことを深く話し合い、会社の拡大を考えてこのタイミングで事務所を移転、ふみの産後に従業員を雇うことになりました。

## 2. 人に任せるという決断

つわりが始まってだんだん会社に出れないことが増えていって、そこで初めて妊娠による女性の身体の変化を目の当たりに。そしてこんな状態になりながら、ママになろうとしている世の女性は働いているのかって衝撃を受けました。だからこそせめてジブンたちの会社だけでも女性の味方になれるような職場環境を作りたい、この時強く思いました。そして子どもを産んでからは、会社のことはもちろん子育てのことも考えて「ジブンたちがいなくても回るシステムにしないと」って従業員を雇い始めました。それまでは「とにかく全部ジブンたちでやりたい」と全てのことをジブンたちでやってきたけれど、ふみの妊娠・出産を機に、「お金を払ってでも餅は餅屋にするべきや。そうしないと仕事は成り立たへん」って気づいて、人に任せる勇気を持とうってお互い決心したんです。それまでは「楽しい」が第一優先だったけど、人を雇うっていうことはその人の人生とか生活も抱えるってことだから、ワタシたちも中途半端なことはせずこれまで以上に仕事に向き合おうって、気持ちを新たにした瞬間でした。

## 3. 貿易業の展開と会社としての拡大

世界的に新型コロナウイルスが流行。すぐにコロナ禍が始まって、世間ではおうち時間をどう有効的にリラックスして過ごすかというインテリアへの需要・関心が高まったタイミングで、インテリアの貿易も始めました。たまたま貿易の仕事を長年していたふみの旦那に貿易の基盤を作ってもらったり、あみの旦那にも色々協力してもらったりして、これまでのアパレルは引き続き運営していきながら、jumelleとして貿易業もスタート。そうやってお互いのパートナーにも手伝ってもらって始めたインテリアの貿易もありがたいことに爆発的に人気となり、Amazonや楽天といった色んな通販サイトから声を掛けてもらって出店することになりました。と同時に、アパレルはアパレルでZOZOTOWNからお声掛けをもらって出店。服とインテリアを合わせて一気に色んなサイトに出店することになったんです。二人だけだったら絶対に他に出店なんて考えられなかった。これらの出店が叶えられたのは、お互いのパートナーの協力や従業員が増えたおかげで、「仲間が増えるってこういうことなんだ」って実感できたワタシたちにとってもjumelleにとっても大きな出来事でした。

## 4. 人を雇うということ

仲間が増えたことで会社としての幅が広がった反面、もちろん壁にもぶち当たりました。人を雇うのは初めてだったしそもそも二人とも企業で勤めたことがなかったから、人に教えたり人をつかうってことに自信がなくてすごく悩みました。ずっと二人でやってきたからこそ「頼むくらいならもうジブンでやっちゃお」って、みんながいるのに結局ジブンでやってしまって、ジブンでジブンの首を締めて苦しんで…みたいなこともたくさんありました。それからもう一つ、それまでjumelleの服を二人でしか作っていなかったから、他の人のセンスが入ることに最初は恐怖というか、表現が難しくてダイレクトになっちゃうけど嫌というか、、そういった気持ちも正直ありました。でもみんな本気でjumelleに向き合ってくれていたからこそ「これもスパイスになってjumelleなんだ」って捉えられるようになって、「jumelle=ふみあみ」からjumelleという独立した存在になっていったように感じます。そしてこれはワタシたち、そしてjumelleの成長にとって、とても必要なステップだったなって今は思っています。

## 5. ジブンたちが求めていること

服を作る仕事って結構忙しくて、黙っていてもシーズンは回って来るし、常に更新される最先端のトレンドにもついていかないといけない。とにかく転回が早いから、マラソンでもなく「全力疾走のマラソン」をしてるっていうイメージ。毎日目まぐるしく全力疾走のマラソンが続いている中で子育てもしてってなると、一瞬「ポカン」ってなったりするタイミングも正直ありました。良い服を届けることができて、それで喜んでくれているみんながいて、「可愛かったです」の一言に救われたりももちろんするけど、ふとした瞬間に「なんでこんなに働いてるんやろ」って仕事に忙殺されているジブンに萎えるというか、楽しめていない時もありました。でもそんな状況から脱せたのは、「仕事=社会貢献」に気づけたから。ジブンたちの求めていることって、極論お金を稼ぐことでも会社を大きくすることでもなくて、ジブンたちのやったことに少なからず意味を感じたいんだろうなって。ジブンたちが頑張っていることに、ジブンたちの中で納得したいんだろうなって気づいたんです。

## 6. 服を作ってみんなを明るくHAPPYにすること。そして、子どもたちの未来を少しでも明るくすること

「jumelleの服を着てたら無条件に自信がつきます」とかって嬉しい言葉を頂く度に「ワタシたちが作った服でみんなを明るくできるって、これってすごい社会貢献だな」って、改めて服が持つパワーの凄さを感じています。だから、これまで同様ワタシたちの作る服でみんなをもっとHAPPYにしたい。と同時に、社会貢献の一環として児童施設団体などに寄付することで、子どもたちの未来を少しでも明るくしたい。ワタシたち自身が子育てをして子どもの大切さ・尊さを実感したからこそ、未来の子どもたち、地球のために少しでもできることをしたいなって本気で思った。これがワタシたちの進みたい道、仕事をする理由です。

## ありのままのワタシたち

正直これまでは、起業についてとかビジネスについて語るのは好きではありませんでした。ブランディング的にも、ビジネス感を出したり頑張っているジブンたちを出したくないっていう気持ちが大きかったので、そこまで出していなかったと思います。でも、ジブンたちの経験を伝えることで「こんな選択肢もあるんだな」ってファンの子たちの選択肢がちょっとでも広がったらそれは嬉しいことだなって、だからどんどんジブンたちをさらけ出してみてもいいかもって思えるようになりました。綺麗な部分だけを見せようとしていた昔のインスタグラマーなワタシたちではなく、失敗も挫折もって全部ひっくるめたリアルなワタシたちを見せてもいいんじゃないかなって。ファンのみんなが思ってくれているほどカッコ良いところってほんとにないです。ワタシたちもみんなと同じで、周りのみんなにいつも助けてもらって成り立っているワタシたちなんだから。

## From FumiAmi

これから何かをつくりたい、生み出したいみんなへ。今は何でも自分でできる時代、ネットで調べたら何でも出てきます。だからとにかくまずは何でもチャレンジ！ 自分で調べて自分で行動して、それでも分からなかったら迷わず周りに聞いたら良い。いつだって周りへの感謝と謙虚さは忘れずに、自信を持って、行動して、そして楽しんでください！ チャンスって実は色んなところに広がっているから！

marriage

ke-kkonn

marriage

結婚とは

縁

来るべきタイミングで来るもの

# 結婚とは、
# 縁。来るべきタイミングで来るもの。

## 自分の人生を自分で決めて生きてきた、そんなオッパだからワタシは惹かれた。

恋愛に限らず、ワタシが常に追い求めているのが「成長」と「自由」。常に成長したいっていう気持ちがいつも根底にあって、かつ、追い求めているらこそ、形にとらわれずに自由に動いている人に魅力を感じてきました。ファンの子たちから見たらワタシって「チャレンジ精神に溢れてて、自分の見ははっきり言って、、、」って思ってもらってるかもしれないけど、こう見えて芯はクソ真面目で、滑り止めとかいっぱいしちゃうタイプ。そんなジブンずっと嫌で、でも「そんなに真面目でいる必要ってある?」ということを体現的に気づかせてくれたのがオッパでした。出会った時のオッパは人生休憩がてら日本に遊びに来ていた頃で、その時既に起業もして自分でお金を生み出しながら好きな場所で好きなように過ごしていて、そんな、形とらわれずに生きている彼が憧れだったんだと思います。自分の人生を自分で決めて、自由に生きている彼が。そんな彼との出会いは共通の知人開いたホームパーティでした。

出会った瞬間「この人と何か縁がありそう」って感じたことは今でも鮮に覚えています。でもその日は特に何もなく、初めてちゃんと喋ったのそれから数ヶ月後に再び開かれたホームパーティの時。友達くらいの覚で会話をする中で、韓国語の勉強をし始めたワタシの友達と三人遊ぶことに。ご飯が終わった頃に友達が急遽帰らなあかんってなって、さかの二人きりという、今思えばドラマみたいな展開になって「1杯だ飲んでから帰ろう」っていうオッパの一言で飲みに行ったら、一緒にい空間がとにかく心地良くて、随分前からの知り合いのような不思議な覚に陥ったのが始まり。嬉しいことにオッパも同じように思ってくれていたみたいで、そこから二人で会うことが増えて交際がスタートしました。

## 国も違えば話す言語も違うくて、フィーリングで始まったワタシたちのお付き合い。

その頃のオッパは全然日本語が喋れない、ワタシもまだつたないレベルの韓国語で、韓国語と日本語、それから英語の3ヶ国語をそれぞれ駆使してコミュニケーションを取っていたけど、多分その頃の二人には言葉はそこまで重要ではなくて、お互いにどこか深い部分で繋がりを感じて惹かれ合っていったんだと思います。

## 病気が判明、それがワタシたちの距離を一気に縮めた。

付き合って半年が経ったくらいの頃に、高度異形成(子宮頸がんの一歩手前の状態)の診断を受けて摘出手術を進めていこうってお医者さんから言われたと同時に、この手術をすることで今後妊娠はできても流産の可能性が高くなるって伝えられ、近いうちに妊娠の計画があるか聞かれました。でもその頃は付き合いはじめてまだ半年だったこともあり、二人の将来のこと含めもちろんそんな話はしていなくて、「予定はしていないです」って伝えたんです。そこから手術前の検査を進めていくうちにある日突然大量出血をしちゃって、その血を見て「あれ、生理来てないかも」ってパッと思って妊娠検査薬を試してみたら妊娠が発覚。ちょうどお医

## You are worth the effort

さんから「今後妊娠するならちょっと難しくなるかも」って言われた直後だったこともあって、とにかく「産みたい、これは運命だ!」って強く思いました。堕ろす産むどうこうって頭で考えるよりも前に本能的なレベルで。なんだかお腹の赤ちゃんに選ばれたような? 運命のような…なんかそんな気持ちになったんです。それでオッパにもそうやって伝えたらオッパも「産もう」って言ってくれて、恋人関係から夫婦になりました。

### これまでの経験は全て結婚相手に出会うための道しるべ。

結婚・出産と経験したワタシが今思うのは、結婚する人って、目には見えない縁みたいなものが実はあって元から運命的に決まってるんじゃないかなってこと。ワタシの場合がもうほんとドラマみたいな展開でどんどん進んでいったから余計に(笑)。結婚できるかなって悩んでいる人はたくさんいると思うけど、でもワタシは結婚って自分にとって正しいタイミングで来るべき時に必然的に来るものなんじゃないかなって思っています。傷ついたり、結果別れたりってする相手なんやったら、それもきっと今後の自分に必要な過程で、その人と結婚をしたい気持ちがあったとしても、ただ結婚相手ではなかったってだけ。過去の全ての人がいたからこそ今の自分がいて、結婚相手に出会える。これまでの経験は全て結婚相手に出会うための道しるべになっているから、「恋愛で悩んでるんやったら次進め!」ってワタシは全力で伝えたい! 苦しむ時は全力で苦しんで、楽しむ時は全力で楽しんで、とにかくどんどん進んでください! そしたらいつか、パズルのピースがある日突然はまるというか、なんかピタッとなる瞬間が絶対来ると思います♡

You feel like HOME.

marriage

# 結婚とは——

# 誠也

# 結婚とは、誠也。

Ami
marrieag

## 出会いは友人の結婚式。「変わった人やな」が第一印象でした

誠也との始まりは友人の結婚式。お互いその結婚式の受付担当として出会いました。当日初めて会った時に、真正面から「綺麗ですね」って言わ
たのが誠也からの最初の一言で、「この人初対面で何言ってるんやろ、変わった人やな」って思ったのが、誠也に対して抱いた最初の印象です。そ
時は「将来この人と結婚するな」とか「この人とどうこうなる」とかは全く思っていなかったけれど、受付の名簿に書かれた誠也の名前だけスッて目
入ってきたのを今でも鮮明に覚えています。他の人の名前を名簿の中から探し出すのには一人10秒くらいかかっていたのに「俺の名前知ってた?
って聞かれるくらい、誠也の名前だけは一瞬で入ってきたんです。でもその後特に喋ることもなくその日は終わりました。

## 事が動いたのはそれからちょっと経った頃。連絡を取り始めてすぐ「この人と結婚するかも!」って思ったんです

誠也と出会った結婚式を主催していた花嫁からある日「受付をしてた男の子の一人があみの連絡先を知りたいって言ってるねんけど」って連絡を
らったのが式からちょっと経った頃。ジブンでもこの時のジブンを不思議に思うけれど「教えてくれていいで」って即座に伝えていて。いつもなら「ど
うしようかな」って悩むだろうに、あの日からどこかで誠也のことを気になっていたジブンがいたことも確かで、だからそう咄嗟に答えたんだと思います。そしてそこから連絡を取り合うようになりました。LINEや電話でやりとりをすればするほど、昔からの知り合いと久しぶりに再会したような感覚になって、一気に意気投合。その時はまだ付き合ってもいないし「好き」とも言われていなかったけれど、何でか「この人と結婚するかも!」って直感的に思いました。そこからやりとりの中で「会う?」という話になり、結婚式以来初めて再会。結婚式の日はスーツだったから、初めて見た誠也の私服が私の想像と違って(笑)「結婚するかも!」とまで思った人があまりにイメージと違い過ぎて、「どうしよう」って会った瞬間は思いました(笑)でも一日一緒に遊んだらやっぱり中身に惹かれているジブンもいて、「過去に出会ったことあるかな、幼馴染かな」って錯覚するくらい、初めて遊んだのにとにかく心地良くて。何より、時間の感覚が一緒だなって感じたのを覚えています。「お腹空いたな」「ちょっと休憩したいな」「そろそろ帰る時間かな」とかって思うタイミングが本当に同じで、時間の感覚が一緒ってこんなにも心地良いんだって思ってその日は解散しました。

友達に「中身は惹かれているけど、服装が…」って相談すると「服装なんていくらでも変えられるで。中身は変えられへんで」って言われて、本当その通りで。ジブンの中では決まっているのになんとなく自信がなくて、ジブンの決断に後押しが欲しかったんだと思います。恋愛している時ってなんか冷静に判断できなかったりするから、ワタシは結構友達に相談しちゃうかな。それから後日告白してもらったタイミングで付き合うことになったんです。

## 「無人島に何持って行く?」ってよくある質問。ものではないけれど、ワタシの答えは「誠也」一択です

「この人ほんまにワタシの理想の人やん」って、誠也と出会って時を重ねていく中でどんどん彼に惹かれていきました。いつだってワタシの気持ちを優先して、大切にしてくれて、でもちゃんと自分の意見も持っていて、考えて動ける人で。ワタシにないものをたくさん持っていて、心から尊敬しているし、一緒にいたら好きなジブンでいられる、それが誠也だったんです。だから今「無人島に一つだけ持って行けるなら何を持って行くか」って聞かれたら、ものではないけれど、ワタシは迷わず「誠也!」って答えます。ワタシもワタシでできることは頑張るけれど、どうしてもできないということに出くわした時、絶対にワタシより前に出て手を差し伸べてくれるだろうなって、誠也さえいてくれたら何とかなるっていう100%の確信があるからです。そんな誠也の隣にいて、何事も「何とかなるか」「何とでもなるか」ってジブンも生きやすくなりました。「誠也なら何とかしてくれる」っていう絶対的な信頼があって、誠也と出会えたことが本当に人生で1番ラッキーなことだったなって、結婚して丸4年経った今でもそう心から思っています。

It's the connection we can't explain

## 度重なる結婚式の延期と、より深まった絆

年半の交際期間を経て、誠也と訪れた沖縄の竹富島、誰もいない朝の海を目の前にして受けた不意打ちのプロポーズ。大阪に帰って来てすぐに挙式の話が持ち上がったけれど、ちょうどその辺りで新型コロナウイルスが流行り始め、3回もの延期を経験しました。延期に次ぐ延期で「またできない」「またみんなに謝らな」ってすごく凹んじゃってどうしようもなくしんどかった時も支えてくれたのはやっぱり誠也で。根拠のない「大丈夫やから」みたいな感じではなく、ワタシのペースに合わせて一緒に一つずつ紐解いていこうってしてくれたから、全部に一つずつ納得をして解決していくことができて、そんな誠也に何回も救われたんです。「この人とだったらどんな困難もちゃんと一個ずつ乗り越えていける」って改めて思えたのは、あの延期があったからだなって。今思えばあの延期もワタシ達の絆を深くする、ワタシ達にとって必要なことだったんだなって思っています。

You are my person.

## 自分を愛してあげること

好きな人に愛してもらうための努力って必要だと思うんだけれど、そもそも自分は愛されるべき人間だってみんなに思っていてほしい。好きな人に愛してもらうために自分のことを大切にしてほしいし、相手のことも大切にしてほしい。お互いが、思いやれば必ず好循環が生まれると思うんです。価値観が似ているワタシ達だったとしても、結婚生活って、お互いの努力と思いやりがないと成り立たない。その努力と思いやりで、両方が同じ気持ちで同じ方向を向けるからこそ、夫婦として上手くいくんだと思っています。誠也と結婚できたから、こんな結婚観を持てた。だからワタシにとっての結婚って、結果「誠也」なんです。

# pregnancy. ninn-shinn / shu-ssann

[pregnənsi] n.

1. the state of being pregnant
2. the state of being filled with meaning

pregnancy

妊娠・出産とは

# 奇跡の連続

Fumi
pregnanc

# 妊娠・出産とは、
# 奇跡の連続。

## 不安はもちろんあったけど、でもとにかくノア(我が子)に会えることが楽しみでした。

26歳で妊娠が発覚し出産。ワタシの周りで出産をしている人がまだそこまでいなくて、子どもを産む、ということに関して何も知らなかったのが今なっては逆に良かったなって思っています。不安とか痛みも想像は超えていたけど「世の中にいるお母さんみんなこれ乗り越えてるんだ」って全部け入れられたし、それ以上に、元々母性本能がすっごく高いタイプだったということもあって、とにかく出産が楽しみで、我が子に会えることが嬉して、ワクワクで、という気持ちの方が勝っていました。今って色んな出産方法があるけど「普通分娩で産みたい!」って思ったのも、みんなが痛い痛って言っているのが実際どのくらい痛いんやろっていう謎の探究心があったからで、一回その痛さを味わってみたいなって思えるくらいに出産がしみでした。そんなところも今ではジブンらしいなって思っています。

## コロナ禍での出産――。たくさんの「初めて」で色んな気持ちが溢れ出した産後の退院前日。

世界中で新型コロナウイルス感染症が流行り出したのがちょうど安定期に入った頃で、初めての緊急事態宣言が出されたのが出産の頃。ワタシ達が出産に対して初めてだったということはもちろんだけど、病院側もコロナ禍でのお産は初めてで、そんな中で生まれて来てくれたのが、我が息子・ノアです。実際に陣痛がきた頃には「出産の痛みを経験してみたい」って言ったことを本当に後悔するくらいめちゃくちゃ痛かった。とにかく痛くて痛くて、でもコロナ禍だったから旦那も家族も誰も立ち会えない状況で、まず何をどうすればいいのか予習したことを必死に思い出して、息子と乗り越えるんだ、一人じゃない、元気に二人で家に帰るぞ、そんなことを考えながら痛みに耐えていました。実際準備をしていた荷物も開けられず鞄に入れていた飲み物さえも出せない、、そんな状態だったけど、看護師さんが設定してくれたテレビ電話でオッパと繋いでもらってオッパの顔を見た瞬間、少しリラックスできて出産に挑めたのを覚えています。結果的に痛いという記憶でいっぱいの出産にはなったけど、ノアが生まれた瞬間はジブンの痛みどうこうより、健康で生まれて来てくれたことにまず感動、そして何より感謝の気持ちでいっぱいになりました。やっぱり出産って奇跡の連続で、人ひとり産むって本当にすごいことだなって、母子共に健康でいるということに、ただただ感激しました。

そしてジブンでもびっくりしたのは退院する前日。面会禁止時期の出産だったから、とりあえず最初から最後まで息子と二人で乗り越えようと思いながらもどこか寂しい気持ちはあって、でも強がりなワタシはそんな気持ちを誰にも話せずに、「全然大丈夫!」って周りにはついつい伝えてしまっていたけど、入院最終日に急に寂しくなって一人で病室で大泣きしてしまいました。ノアと出会えたことはもちろんすごく嬉しいことだけど、誰とも会えなかったことが寂しくて虚しくて、、とにかく色んな感情が一気に溢れてきてそれが涙になったんだと思います。でも今思えばそうなるのが最終日っていうところもいつでも強がっちゃうワタシらしいなって思います。出産は二人で乗り越えられても、育児は協力してもらわないと難しいことが多いので、今となってはあの頃のワタシに、人に甘えたり、弱音を吐くことって大切なことなんだよって伝えてあげたいです。

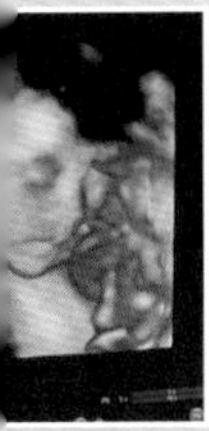

## 奇跡みたいな、事例もない出来事。その時から、ノアはワタシの中でヒーローです。

少し産前の話に戻っちゃうけど、ワタシが経験した奇跡みたいな出来事の話。妊娠週数を重ね、毎回の妊婦健診と並行しながら子宮頸がんの検診をしていたところ、ワタシのお腹の中でノアが大きくなっていくにつれて、不思議なことにどんどん癌が小さくなっていきました。お医者さんも「あれ？」っていうくらいの奇跡中の奇跡みたいな事例もない出来事で、産後初めて検査をした時には、もう通常の人と同じくらいの大きさになっていて「異形成ではないから、手術の必要もないよ」って言ってもらいました。その時からワタシの中では「ノアはヒーロー」。癌と一緒にやって来て一緒に出ていくっていう、来るべき時に来て、ワタシを助けるためにどうしても生まれて来たかったのかなって思っています。それに、「高度異形成です」って診断をされていなかったら、出産するっていうことをあのタイミングで決断できなかったんじゃないかなって今なら思います。でもその診断のおかげでノアに出会えたし、もう癌もない。本当に奇跡の連続やったんやなって、私の元に生まれたくて生まれて来てくれて、オッパとワタシを夫婦にして、父親と母親として選んでくれたんだろうなっていうのをすごく感じました。オッパと初めて会った時に感じた縁みたいなものを、ノアからも感じたんです。だからワタシにとって、妊娠・出産とはまさしく「奇跡の連続」でした。

By giving you life,
mine found meaning

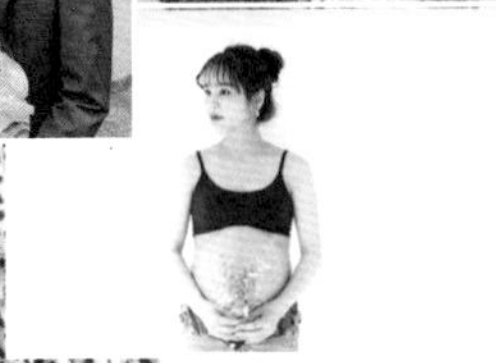

A moment in my tummy
a lifetime in my heart.

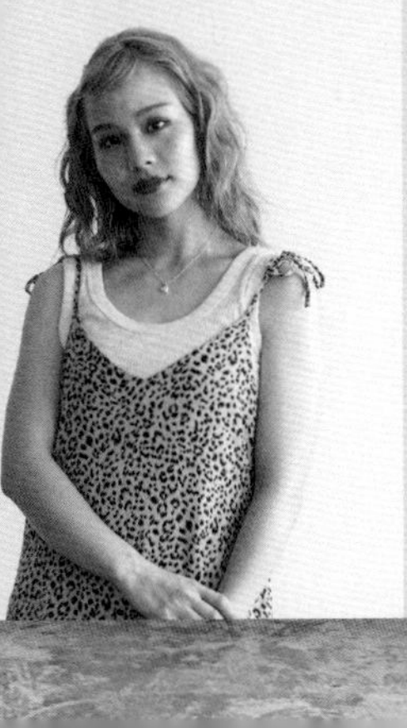

pregnancy

# 妊娠・出産とは
# 命をつなぐもの

# 妊娠・出産とは、 命をつなぐもの。

Ami pregnanc

## 「赤ちゃんが選ぶタイミングを待とう」。ワタシ達がパパとママになる瞬間を心待ちにしていました

結婚した時から「いつか子ども欲しいな」というのはお互いの共通認識で。でもまずは結婚式を挙げてからかなって思っていたから、その結婚式がロナの関係で結局2年も延期になってしまい、その分タイミングが遅れていって焦っていた時期もありました。「生まれてからの挙式でもいいんじゃい?」って周りに言ってもらったこともあったけれど、式の準備が100%できた状態で延期になっていたから、できれば既に選んだドレスや、練りにったプランで式当日を迎えたくて、、それにその時ちょうど仕事で忙しかったということもあって「今は仕事に専念しろっていうことか」みたいな感じ「いつか必ず赤ちゃんが『今』っていうタイミングで選んで来てくれるよね」って誠也と話していました。子どもって本当に授かり物だと思うから、ジン達で時期とかをコントロールできるものじゃないと思うし、そもそもできないという可能性だってゼロじゃない。でも本当にありがたいことに、ちうど式が終わってちょっと経った頃、ワタシ達の元に新しい命が舞い降りてきてくれました。

## お腹の子のために楽しいことだけ考えよう。そう思って過ごした妊娠期間でした

ふみが妊娠・出産を先に経験してくれていたことで結構知識も備わっていたし、一番側でつわりも出産も見てきたから、ある程度の覚悟はできてたと思います。だからつわりがきても「これがつわりかー」ってわりとポジティブ楽しめてたかなって。しんどかったのはしんどかったけれど、トラウマレベルでありませんでした。

妊娠期間って子どもと一心同体な期間だからこそ、ワタシの抱く感情がそっくそのままお腹の中の子どもにも行くって思っていて「ワタシが凹んだらこの子凹んじゃうから…!」って思っていたから、あんまり嫌なことは考えずに楽しいこだけ考えて過ごそうって、いつも心掛けていました。だから、「出産怖い、出産い」っていう精神状態で過ごすのはお腹の子にも良くないと思うし、ジブンがみに弱いこともビビりなことも分かっていたから、「出産は怖くない」っていうマインドに持っていこうと、早い段階で無痛分娩で産むことを選択したんです。妊娠中って色んな変化があって、心がついていけない時もあったけれどなるべく前向きに、その時しか経験できない妊婦期間を楽しんでいました。

## 先生もビックリするくらい、トントン拍子に進んだ陣痛

予定日は8月5日だったけれど、ずっと8月1日に生まれてきてほしいなって思っていました。退院日にみんなが出迎えてくれるっていうのが憧れで、、1日に生まれて来てくれたら退院日が土曜日になるからその憧れが叶うなって。だから正期産に入ってからはお腹の子に「8月1日に来てね」ってずっと喋りかけたり、前日の7月31日になると、出産を早めるための陣痛ジンクスとしてよく知られているスクワットとか階段上り降りとかもやったりしました(笑)するとその願いがお腹の子に届いたのか、翌日8月1日の朝6時くらいにお腹の痛みで起きてその後破水。病院に電話をするとすぐに来るように言われて家を出発しました。9時前に病院に到着して内診台に上がった瞬間に2回目の破水と出血が起こって、この時既に子宮口の開きが6cmで陣痛の間隔も2分くらい。そのまま入院することになって、心の準備なんかする間も無くすぐに分娩台に移動しました。痛みに耐えているワタシの様子を見て先生も「早く麻酔!」てなっていたけれど、コロナ禍だったためにPCR検査が必要で、麻酔科の先生も横で待機してくれているのに、検査結果が出るまで陣痛に耐えないといけなくて、痛みと闘いながら3時間待ちました。そしてやっと陰性の結果が出て12時に麻酔を打ってもらい、あんなにも痛かったのに「もう出産終わったのかな?」って思うくらい痛みがゼロに。幸せ過ぎてこの段階で既に出産ハイになりました(笑)「もう幸せです、先生神様みたい、ありがとうございます」ってまだ生まれていないのに、達成感と幸福感でいっぱいになったことを覚えています。「今のうちに睡眠取っておいてください」って言われたけれど、嬉し過ぎて全然寝れず、誠也やふみ、家族と連絡を取ったりしていました。

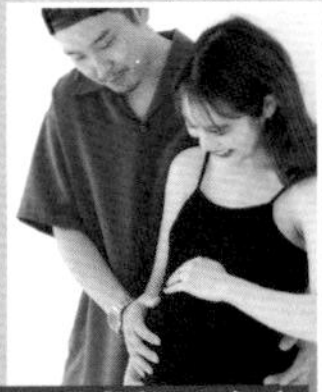

## んなで頑張った感動の出産

れから次に診てもらった時にはもう10cmの全開で、イキむ練習スタート。でもここからが大変でした。お腹の子の呼吸が上手くでていない状態だったらしく、ワタシ自身も39度近くの熱が出たりて、そんな状態が長く続きました。「後1時間頑張って無理だったらるよ」とも言われたけれど、先生も助産師さんもみんなすごく励ましてくれて、助産師さんなんか「イキむのめっちゃ上手やから大丈夫!が絶対に出してあげるから!」って言ってくれて、、熱で全身ガクガに震えながらも「赤ちゃんと力を合わせて絶対に最後まで頑張る」て強く思った瞬間でした。結局仰向けだったら赤ちゃんの心拍ががるということで横向きで出産に臨みました。そして午後6時56、無事に第一子誕生。どぅるっと温かいものが出た感じがして、こまでのお腹のハリが嘘みたいにさっと消えました。あまりの感動、その瞬間は本当に夢みたいな気分に。先生と助産師さんの「おさん上手やったよ! 赤ちゃんも頑張ったね!」の言葉で急に実感が湧いて、自然と涙がこぼれ落ちていました。

## ジブンの命より大切な存在

出産は言葉通り本当に命懸け。実際に産むまでは、自分の命に代わるくらいに大切な存在ってあるんかなって正直思っていたタイプだったけれど、「もし自分の子が溺れていたら助ける?」って、そんなの助けな!」って考える間もなく飛び込んでいるだろうなって、この子を目にして思いました。「ワタシの命がなくなるかもしれない」とかそういう次元じゃない、理屈じゃなくて本能的に飛び込んでいると思う。それが我が子なんだなって。

この子の存在がみんなの幸せをつむぐように。
織物の紬のように独特の味わいを持ち、自分らしさを大切にして生きていけるように。

この子が生まれる直前に誠也の祖母が亡くなり、一つひとつの命がつながってこの子が生まれたこと。誰一人欠けていたら存在しない大切な命、出会う全ての人を大切に思って生きてほしいという願いを込めて、紬生(つき)と名付けました。紬生にワタシ達は親にしてもらって、今日も紬生からたくさんのことを学ばせてもらっています。

You are an indescribable miracle of my life

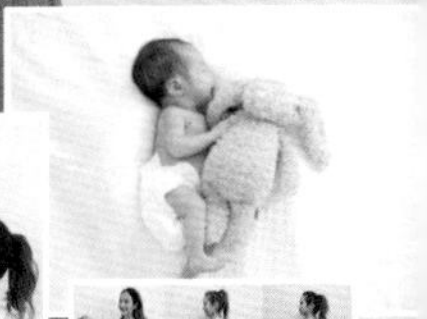

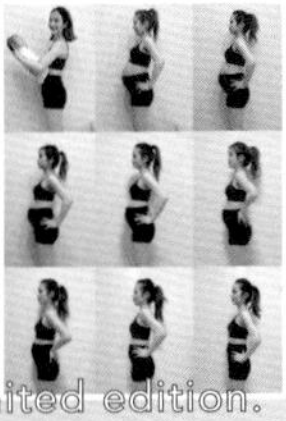

You're a limited edition.

parenting

# parenting.

ko-soda-te

[peər·ən·tɪŋ, ˈpær-] n.

1. the raising of children and all the responsibilities and activities involved in it;

parenting

子育てとは
――
# 答えのないもの

Happy Birthday
1 Noah

Fumi parentin

# 子育てとは、答えのないもの。

## 「愛してる」って伝えること。それだけはいつも一生懸命にしています。

出産時26歳だったこともあり、私の周りはまだみんなバリバリ働いていて、友達や姉妹から子育て論とかを学ぶ機会もなかったから、妊娠・出産同様、子育てについても何も分からなかったけど、「愛してる」ってことだけはしっかり伝えようって、ノアと出会った瞬間から思っていました。ワタシが両親からたくさん愛をもらったことで、愛されて育ってきた人は人を心から愛せるし、受け入れることができるって。自分は愛されてるっていう自信ってすごく大切だと思うから、どんな時でも「愛されている」って感じながら育ってほしい、「僕ってお父さんとお母さんに愛されて育ったんやな」っていう自信と絶対的な味方がいることを感じてほしい。だから愛情だけはしっかり伝えようって。本当にワタシそれしかやってないくらいです。

## ノアがいるから頑張れる。子どもと一緒にジブンも成長させてもらっています。

愛すること、それ以外のことは保育士さんに頼っていることもたくさんあるし、正直どんな瞬間も一緒にいれたかって言われたら全然そんなことありません。「完璧な親」ってそもそも何か分からないけど、満足のいく子育てをできているかって言われたらそうじゃない。全然まだまだできたなって思う部分もあるし、諦めたりノアに甘えてできなかったこともいっぱいあります。でもワタシは、ノアにとって誇れる親やったらそれでいいなって思っていて、「ノアのお母さんは一生懸命お仕事していて、それがカッコいい! それが素晴らしい!」って思ってもらえるように日々頑張っています。だから、家でも仕事しちゃってることって結構あるし、そういう姿を見せるのは良くないんじゃないかなってはじめは思っていたけど、今は、そんなワタシの姿を見てウチの子はカッコいいって思ってくれてるやろうなって思っています。「ママはお仕事をしてみんなに勇気を与えたり、みんなをHAPPYにするお洋服を作っていてすごいな」って思ってもらえてるって思っているから、こんなにたくさん働かせてもらえる環境に感謝して、ノアに恥じないように仕事を頑張ろって逆に自分を奮い立たせています。

## 柔軟性を持った子に育ってほしい。

韓国人のオッパと日本人のワタシから生まれたノアは世間一般でいう「ハーフ」だけど、ハーフって言うよりワタシ達は「ダブル」って言っています。ダブルっていうのは100%日本人、100%韓国人だということ。自分の育ってきた環境に今後疑問を抱くシーンもあるかもしれないけど、「日本人だから」「韓国人だから」っていうことにこだわってほしくない。これがルールだからって凝り固まらずに「そうなんだ」って異なる文化も当然のことのように受け入れられるような柔軟性を持った子に育ってほしいなって思っています。

だから幼い時から語学に触れることのできるインターに入れているけど、英語は嫌いにならなかったらいいなって思っている程度。そもそも語学って教育っていうよりコミュニケーション手段だと思っているから、すんごい教育ママみたいに見られているかもしれないけど、ジブンでは、全然そんなことないねんけどなって思っています(笑)。「語学はプレゼントだよ」って語学の先生から言ってもらっていたこともあって、今後が楽しくなるプレゼントになったらいいな、というくらいの感覚で今はインターに行かせています。

## ジブンがジブンらしくいること。

SNSを見ているとよくiPad論争が繰り広げられていて、ワタシもコメントを頂いたりするけど、見せる見せないどうこうより、iPadを見せている間に少しでも自分の時間を確保できることでママにも余裕が生まれるっていうことが重要なんじゃないかなって思っています。子どもにとって親が笑顔でいることが何よりも大事だと思うからこそ、余裕がなくて笑えないっていうのであれば、ちょっとでも自分の時間を確保するためにiPadやYouTubeに頼る。それって全然悪いことじゃなくない?ってワタシは思っています。子どもって、小さくてまだお喋りができない間でもワタシ達の言動とか目線、表情から何でも感じ取れるっていう特殊能力を持っていると思っていて、だからこそ、1番近くにいるワタシ達が余裕のある状態で子どもと接することが大事なんじゃないかなって。嘘の笑顔はすぐに見抜かれると思っています。育児で行き詰まっているママの姿を子どもも絶対に望んでないと思うし、「子

# Hey mama, it's okay to slow down

てが忙しくて〇〇できひんかった」って自分を理由にされのって子どもも嫌だと思う。それに、ワタシ自身も絶対にそな風に思いたくないから、だからiPadも見せるし、見せての子が少しでもそっちに気を取られて、その間にジブンのとができてジブンに余裕ができるなら、もうそれが正解やとってワタシは思っています。家事も育児も、ジブンが許せる範囲でなら全然サボる。洗い物だって全然ためる、ジブンに余裕がなくて睡眠先したいってなってるならまず寝よって。全部ジブンがジブンらしくいれるのであれば良いのかなって思っています。それが子どもにとっても1番だと思うから。

## 人に頼ることが苦手なワタシから
## 全てのママに伝えたい3つのコト。

みんなから「頼ってね」って言ってもらっていたのに、「とりあえず頼らずやってみよう」って人になかなか頼れなかったワタシから伝えたいコト1つ目は、子育てをする上でまず「頼れるところは頼った方が良い!」ということ。頑張れば何とかなる、できる。これは本当にそうなんだけど、でも頼ってみることがとにかく大切。頼ることは全然悪いことじゃないから。

2つ目は、「『大丈夫』って言わないで」ということ。「大丈夫じゃない」とは言えないのに、ママになると余計「大丈夫だから」って咄嗟に口から出ちゃってると思います、ワタシだってそのうちの一人。だから「大丈夫じゃない」って伝える努力って本当に大事。一人だけで抱え込まないで、何でも旦那と二人で解決していけばいい。両親や友達、周りを頼ってもいい。「もうちょっと人に甘えよ」って今でもジブンに言い聞かせてるくらい、ワタシは心からそう思っています。

最後に、「子育てにルールも決まりもない」ということ。最初から完璧なお母さんって絶対にいないし、そもそも育児に答えなんてない。愛情だけしっかり伝えられていたらそれで十分だと思うから、「あれもできてない」「これもできてない」って思わずに、もっと楽観的に捉えてほしいなって思っています。子どもはママが笑っているだけで幸せなんだから。

Happiness is seeing my mama smile.

parenting

子育てとは──

# 共に成長していく、ということ

Ami
parentin

# 子育てとは、
# 共に成長していく、ということ。

## 調べるよりも前に助けてくれる、そんな心強い存在にいつも助けられています

まだ生まれて1歳だからワタシも親として未熟でしかないけれど、そんなワタシの子育ての先生はふみとお姉(おねえ)。ふみの息子とお姉の息子、それからワタシの娘の紬生はそれぞれ1歳違いで、先に出産をした二人から子育てに関する全てを学ばせてもらっています。新生時期の里帰り中なんて、ほとんどお姉が紬生を育ててくれてたんじゃないかなってくらい助けてもらっていました。ふみとお姉とは、毎日のようにLINEをしてお互いの子どもたちの成長を見守り合う。それがとにかく楽しくて、三姉妹で本当に良かったなって。親に感謝です。

## 人と比べないこと。それから、愛を伝えること

ワタシが子育てをする上で特に心掛けていることが二つあります。一つ目はまず「人と比べないこと」。その子自身のことを受け入れて、周りと比べず、真っさらな状態で紬生と向き合おうっていつも意識しています。紬生には紬生にしかない良さがあるから、そこに気付いてあげたいし、伸ばしてあげたい。そう思ってどんな瞬間も見逃さないよう紬生と向き合っています。もう一つが「愛を伝えること」。「愛されてる」って自信を持って言ってくれる子に育ってほしい。だから愛だけは何とか伝わってほしいなって。慌ただしく過ぎていく毎日で思っているだけだとなかなか伝わらないと思うから、毎日5秒間ハグをして「大切だよ、大好きだよ、ママの宝物だよ」って一生懸命伝えています。

## 無条件に甘えられる存在でいたい

子育てに正解ってないと思うけれど、ワタシができる100%のことは全部してあげたいなって思っています。抱っこしたら抱き癖がつくからとか、甘やかしたらダメとかって書かれた育児本もあるかもしれないけれど、抱っこしてほしいって手を伸ばしているなら「ずっと抱っこしてあげるよ」「いつでも甘えていいんだよ」って伝えてあげたい。まだ1歳だからっていうのもあるかもしれないけれど、紬生が求めていることは全部やってあげたいなって、ずっと側で寄り添ってあげたいなっていうマインドで子育てに取り組んでいます。

## 二人三脚の子育てをするために

子どもはワタシ達二人の子ども。だから子育ても二人で。そうは思っていても現実問題、今の日本ではまだまだママ主体での子育てが主流で、パパはママを"手伝う"っていう感じだと思います。でもこれからは"手伝う"じゃなくて、パパも自主的になっていかないとダメかなって。そのためには、もちろん働き方も変えていかないといけないし、世の中的にもまだまだ変わらないといけないことがたくさんあると思うけれど、二人で育てるのが当たり前の世の中になってほしいなって思っています。

# If I know what love is, it is because of you

タシは紬生が生まれる前から、二人の姉見て子育ての大変さを感じていたからこ、夫婦で協力することがいかに大切かよ誠也と話していました。今もお互いが考え子育て方針についてや、今後の家族のあ方について等、頻繁に家族会議を開いて見の擦り合わせをしていて、そういう時が大事だなって思っています。

## 生も成長、ワタシ達も成長

育てってもちろん、人を一人育てるってうことだから大変なことだと思うけれど、れ以上に子どもからもらうものが多過ぎ。毎日紬生の成長に喜んだり驚いたり、には不安に思ったりって、紬生がいなかたら絶対に感じることのなかった感情だけで。ワタシ達自身も紬生と一緒に成長せてもらっているなって日々感じていま。紬生がいなかったら今のワタシ達は絶にいない。だからワタシ達は「紬生がいるだけで幸せなんだよ」って、「紬生が生きているだけで素晴らしいんだよ」って、紬生が何歳になっても言ってあげたい。

最後にこの場をかりて、紬生へ。
毎日一生懸命に生きてくれてありがとう。

Together is
a wonderful place to be.

FumiAmiに聞きたい! 仕事に関する10のコト。

# Q & A

JUMELLE
MELLE

Q1

## モチベーションの保ち方って？

F A

モチベが下がってる時ほどプライベートを充実させながら美意識を上げる！仕事以外で自分の好きなことを充実させて自己肯定感を高めるイメージ！人生って1回きりやからモチベ下がってる時間ってもったいない…！ 仕事で何か嫌なことがあっても「また上司なんか言ってるわー」って手のひらで転がすくらいの気持ちで、全部に対して楽しんでこっ♪

Q2

## 失敗した時どうやって気持ち切り替えてる？

F

「この程度の失敗で済んで良かったな」って、もっと最悪だった時のことを考える。気持ちが下がってる時こそ次への作戦を練って、その失敗から学んだことを教訓に！

A

失敗がないと絶対にステップアップしないから、「この失敗をしたから、次はもっと〇〇できる」って転換！ いつでもポジティブに♪

Q3

## トレンドと自分が好きなデザイン、どっちを重視してる？

F A

7割トレンド、3割好みかなー！ 7割はトレンドベースの、残りの3割はジブンたちらしさというか、トレンドをちょっとひねった感じのジブンたちの好みをポイントとして入れてるって感じ！
いくらジブンたちが作りたい服を作ったとしても着てもらえないと意味がないから、みんなに着てもらえる服っていうのをベースとして、そこにジブンたちらしさを少し入れてるって感じかな。

F : Fumi's answer

A : Ami's answer

Q4

## ファッションのアイディアはどこから？

F A

日常生活から！ 普通に生活している中で、SNSはもちろん、街中とかでパッと見た時に「あれ着たいな」って思ったものとかを起点にすることが多いです♪

Q5

## お洋服を作る上で一番大切にしていることは？

F A

たくさん着てもらえる服を作ること！ 着にくかったりしんどい服って、その日はオシャレしたくて頑張って着るけど、もう1回着ようってならなくてクローゼットに行っちゃう、、そういう服だと服としての人生が可哀想だから「1回きり」っていう服は作らない！ ということを大事にしています。何よりも着心地や利便性を考えた、何回でも着たくなるような「着心地も良くてオシャレ」！ そんな服を作れるように頑張っています♡

Q6

## 二人の間で意見が食い違う時はどうしてる？

F A

とことん話し合う！ お互いが納得するまで話し合ったら二人の意見をミックスした、元の意見よりもっと良いものが最終出てきます！ 一人では見えなかった部分から二人で視野を広げていってさらに良いものにしていくっていうイメージかな♡

Q7

## 仕事面でのお互いの役割の違いは？

F A

服作りでも経営面でもどちらをとっても、Fumiが「攻め」で、Amiが「守り」。どちらが欠けてもダメで、二人だからこそバランスが取れて上手いことといってるなって思っています。

Q8

## 決断する時に大事にしていることって？

F A

色々悩むことがあったとしてもとにかくまずはやってみること！ やらなかったら何も分からないから「やらない後悔よりやって後悔」！「お客様に喜んでもらえるか」を考えた上で、何でもチャレンジするようにしています！

F : Fumi's answer

A : Ami's answer

Q9

## 育児との両立で大事にしていることって？

F

立場上子どもの前で仕事をするシーンも多いけど、「また子どもの前で仕事しちゃってる…」って自己嫌悪に陥るんじゃなくて、働いてるワタシの姿を見て「ボクのママってカッコいいな」って子どもに思ってもらえるように頑張っています！ 色んな家庭があると思うけど、それがワタシ達家族の形かなって。

A

切り替え！ 仕事の時は仕事、家に帰ったら子どもっていう感じで完全に切り替えています！

Q10

## 二人にとってjumelleとは？

F A

**三つ子みたいな存在かな。**
**一緒に成長してきた。**

# やっぱり見たい
# FumiAmiの私服。

## FumiAmi テーマ別コーディネート

## Look1 デートの日

## Look2 友達とランチする日

## Look3 USJに行く日

## Look4 友達のウェディングの日

## Look5 公園で子どもと遊ぶ日

いつだってジブンらしくファッションを楽しみたい！その日着ている服でテンションだって変わるから、どんな時でも、「ジブンらしさ」を意識したコーディネートがFumiAmi流です♡

1 (Look)

デートの日

# DATE OUTFIT

女性らしさ×ジブンらしさの融合。

ピンク×花柄で可愛らしく♡

チュールの素材感で女性らしさアップ！

(Fumi) トップス ／ jumelle ワンピース ／ jumelle バッグ ／ PRADA ブーツ ／ jumelle (Ami) ニット ／ TINA JOJUN スカート ／ TINA JOJUN バッグ ／ miumiu シューズ ／ CHANEL

**ふみずバッグの中身。**

デートの時はいつものリップにグロスを追加！ハンカチだって、女性らしく可愛いものをチョイスします！

1.CHANEL ルージュアリュール ラック 87／2.rom&nd グラスティングウォーターグロス 02 ナイト・マリン／3.NIVEA リッチケア＆カラーリップ スモーキーローズ／4.SHIRO ホワイトリリー オールドパルファン 10ml ミニサイズ／5.gelato pique／6.OFFICINE UNIVERSELLE BULY

**ふみずスタイル。**

女性らしさを意識しつつもジブンらしさは譲れない！
モノトーンで落ち着いた感じを出しつつ、スカート＆チュールの
素材感で、デートならではの「女の子らしい」コーデに♡

**あみずバッグの中身。**

ハンカチと鏡、それからイイ匂いのするハンドクリームさえ持っておけばイイ女感が出るはず♡

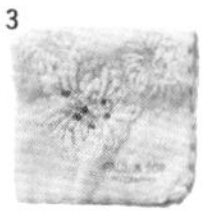


1.CHANEL／2.Saint Laurent／3.PAUL & JOE

**あみずスタイル。**

ピンク系でまとめたり花柄のアイテムを取り入れたりして女性らしさを出すのが、
ワタシの定番デート服♡
ジブンが男だったら女の子にこんな服着てほしいなっていう服を着ます！

# 2 (Look) 友達とランチする日

# Lunch OUTFIT

## 友達と出かける時こそ一番のオシャレ服で！

強めのプレッピーが今日の気分♪

パールのパンツで写真映えだって叶えちゃう♡

(Fumi) ベレー帽／jumelle トップス／jumelle ワンピース／TINA JOJUN ブーツ／TINA JOJUN バッグ／jumelle (Ami) トップス／SNIDEL パンツ／épine ブーツ／jumelle バッグ／CHANEL アウター／jumelle

## ふみずスタイル。

友達と出かける時こそよりジブンらしくっ！いつも当日の朝一に「着たい！」と思った服をチョイス♪
この日はレオパードのベレー帽で、ちょっと強めなプレッピースタイルを演出しました♡

### ふみずバッグの中身。

気分でアクセも変えたいからシュシュを持参。
リップとバウムはマイマストアイテム♡

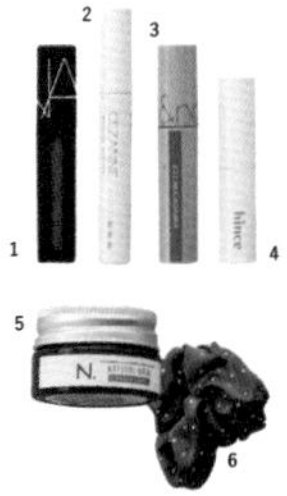

1.NARS パワーマットリップピグメント 2760 ／ 2.CEZANNE ヘアケアマスカラ 00 ／ 3.rom&nd ジューシーラスティングティント 23 ヌカダミア／ 4.hince ムードインハーサーリップグロウ LW 001 メモリーズ／5.N. ナチュラル バーム SC ／ 6.jumelle サンプル品

## あみずスタイル。

カジュアル過ぎずカチカチでもない、
ちょっとイイ感じのお店にだって行けちゃうコーデを意識！
写真映えしそうなパールのパンツがこの日の一押しアイテムです♪

### あみずバッグの中身。

長時間のカフェ滞在で乾燥しても大丈夫なようにミストを持参！
化粧崩れ防止用としても使える最強アイテムです♡

1.Aesop ／ 2.Aesop ／ 3.LOEWE001 ウーマン オードトワレ／ 4.OFFICINE UNIVERSELLE BULY

3 (Look) USJに行く日

# USJ OUTFIT

キャラクターを意識したコーデで
テンションMAX!!

小物に赤やピンクを入れて甘さもプラス♡

白でまとめるのがワタシ流！

(Fumi) 帽子／jumelle トップス／jumelle（サンプル品）パンツ／jumelle アウター／jumelle バック／jumelle シューズ／CONVERSE
(Ami) アウター／jumelle トップス／Charles Chaton スカート／jumelle バック／THEATRE PRODUCTS シューズ／CONVERSE

**あみずスタイル。**

ユニバってどうしてもキャラクターを意識したくなっちゃう！
一日中歩き回ることを考えて「荷物は少なく、足元はスニーカー」もマイルール！

**あみずバッグの中身。**

お土産用のエコバッグはマスト！ いつでも回せるように
YouTube 用のカメラも持ち歩いています♪

1.SONY ／ 2.Casselini

ユニバと言えば「スヌーピー」一択！ということでスヌーピーを意識したコーデに♡
ユニバ自体が派手だから、白でまとめると逆に目立つんです！

**ふみずバッグの中身。**

バッグはドリンクやお土産を入れるために大きめに！
両手のあく斜め掛けショルダーなのもポイントで、待ち時間用にお菓子も入れています♡

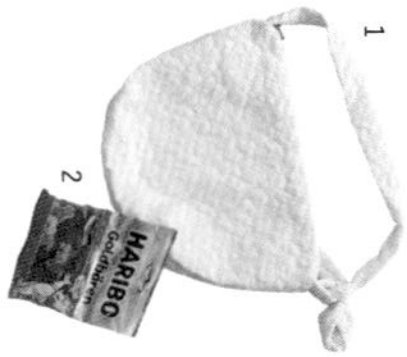


1.jumelle ／ 2.HARIBO

4 (Look) 友達のウェディングの日

# Dress OUTFIT

ジブンらしさを
兼ね備えたドレスで
友達の結婚を祝福♡

ドレスもカバンも靴もとにかく明るめで♪

ジブンらしく黒でまとって友達のお祝い♡

(Fumi) ワンピース／jumelle バッグ／BIGOTRE シューズ／jumelle (Ami) ワンピース／jumelle バッグ／jumelle シューズ／jumelle

## ふみずバッグの中身。

全部小さくコンパクトに！泣いた後すぐにメイク直しをできるようメイク道具も入れる派です！

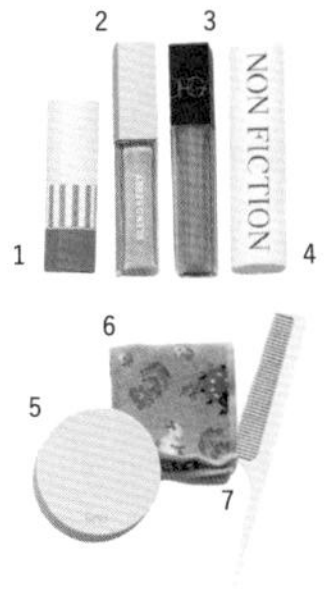


1.HERMES ルージュ エルメス ルージュ アレーヴル ブリヤン 22 ブラウン・ヨッティング ／ 2.BLEND BERRY プリズムシャイングリッター 007 ／ 3.NARS ORGASM X ／ 4.NON FICTION モイスチャーライジングヴィーガンリップバーム／ 5.rom&nd メロウマットクッション / BE01 ピュア／ 6.FEILER ／ 7.OLIVE YOUNG

友達の結婚式に行く時もジブンが好きなブラックで！
裾のフリルが特別感を演出してくれる、
デイリーにも活躍間違いなしのドレスで友達の結婚をお祝いします♡

## あみずバッグの中身。

コンパクトウォレットとリップだけを忍ばせて「荷物は極限まで少なく!」が式に参列する時のモットー！

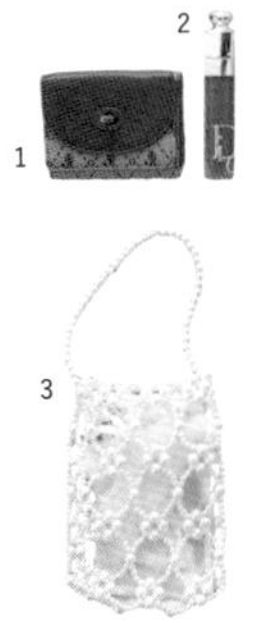


1.jumelle ／ 2.Dior 024 番／ 3.jumelle

## あみずスタイル。

男性ってどうしても暗めな装いの人が多いから、
明るい色のドレスで式場を華やかにしたい！
だからワタシはベージュ系のドレスをチョイスすることが多めです♡

5 (Look) 公園で子どもと遊ぶ日

# PLAY OUTFIT

子どもと公園に行く時だって「ジブンらしく」を忘れない！

両手のあくリュックが最近の気分♪

ジブンもハッピーになれる服で♡

(Fumi) トップス／ jumelle パンツ／ jumelle バッグ／ jumelle シューズ／ converse 帽子／韓国のお店 (Ami) トップス／ jumelle パンツ／ jumelle アウター／ jumelle バッグ／ jumelle 帽子／ jumelle シューズ／ converse

**ふみずバッグの中身。**

子どもがドロドロになるまで遊んでもすぐに拭けるよう、
ウェットティッシュは公園に行く時の必需品です！

1.GUCCHI ／ 2.PAUL & JOE ／ 3. 手口拭き ／ 4. 手ピカジェル

ちょっと派手めな感じでジブンらしさを出しながら、動きやすく
汚れても大丈夫なアイテムを組み合わせるのがポイント！
子どももジブンもHAPPYになれる服を着て公園に出かけます♪

**あみずバッグの中身。**

いっぱい遊んで喉が渇いた時にすぐ飲ませられるよう飲み物はマストで持参。
とにかく動きまくるからオムツや着替えも入れています！

1.petit main ／ 2.ZARA ／ 3. 楽天 ／ 4. 出産祝いのいただきもの ／ 5.H&M ／ 6.UNIQLO

**あみずスタイル。**

「動きやすさ・脱ぎ着しやすさ・汚れにくさ」より、「着たい服を着る」のがワタシ流！
においとか汚れもあまり気にしないタイプだから、
白い服だって着ちゃいます♡

WHICH
ONE IS
FumiAmi

# プロのメイクアップアーティストが
# 双子に全く同じメイクをしてみた！

Fumi said...

似てるようででも違うところは違うから、分かる人には分かるんじゃないかな？

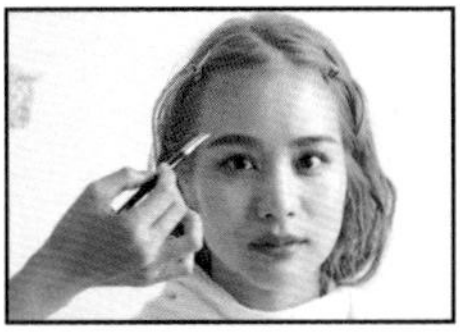

Ami said...

すっぴんだとめっちゃ似てるから、メイクさんに”似せたメイク”してもらったら似ると思う！

WE ARE DONE!!!

# THIS IS Fumi

## Fumi's FEELINGS

思ったより似ててビックリ！ 今回のメイクを通して、二人の違う部分をより知れた気がします。眉毛とか目の形とか、双子でもワタシたちって目元が違うんやなって！

## WHAT IS MAKE-UP FOR ME?

メイクとは、テンションを上げてくれるアイテム

# THIS IS Ami

WHICH ONE IS FumiAmi

## Ami's FEELINGS

メイクさんが Ami を Fumi に似せる方がより似るって言ってただけあって、ジブンがふみに見えた！ ジブンたちでも知らなかった違いが見えて面白かったです！

WHAT IS MAKE-UP FOR ME?

メイクとは、とにかく楽しい趣味♡

# For The FUTURE

## 30歳になった「いま」ワタシたちが考える「これから」とは ——

恋愛、起業、結婚、妊娠・出産、子育てって、とにかくがむしゃらに、ただただひたむきに走り続けた20代。30歳の節目を迎えたワタシたちが「いま」思い描く「これから」について、“リアルなやりとり”をここに残します。

# ジブンらしく、「ジブンが思う」幸せを追求すること<br>――――― これがワタシたちの30代のテーマです。

**―――――― ここからの10年で求めることは、“精神的自由”。**

**Fumi(以下、F)**：40代に向けてここからの10年は、型にはまらずさらに柔軟に過ごしたいな。走り続けた10代20代やったから、30代はもっと自由に、その時その時のジブンの気持ちの方向に進んでいきたい。色んなもの見て、肌で感じたいな。

**Ami(以下、A)**：確かにふみはそうしてそう。ワタシはふみに比べたらそこまで好奇心も旺盛じゃないし、行きたいとこやりたいことっていうよりかはほんまに笑って過ごせるかって感じかなぁ。ふみは刺激を求めてるから、やっぱりその好奇心の赴くままにやっていったら困難にだってぶつかると思うし、大変なこともいっぱいあると思うねんけど、それでもやりたい人やん？ でもあみはそんなんはやりたくないねん（笑）ジブンがいつも笑顔で子どもとおれてっていう「普通の幸せ」。それもそれで難しいかもやけど、みんなの思う普通の幸せであみは十分。

**F**：困難くるんかな？ 困難があるとか考えたことなかった。

**A**：そういうとこがふみなんやって。ふみが困難って思わんところでも、あみやったらそれはしんどいなっていうだけ。

**F**：そやな、それを楽しいって思うタイプかも。

**A**：うん、それがふみのすごいところ。でも「家族で日曜日に家でテレビ見てる」、これがあみの幸せやから。でもふみはそんな幸せは退屈やん？きっと。

**F**：そうやねー、でもその平凡もほしいで？ ほしいけど、でも人生がほんまに1回しかないってことを考えたら、ここにとどまるよりは色んなとこに旅して、色んなものを見て、それを子どもにも見せてあげたいし、経験として与えてあげたい。

**A**：あー、それはあるあみも！それはあるけど、ジブンができる範囲でかな。なんか無理はしたくない。ジブンが苦手なことにまで取り組んで一生懸命頑張るみたいなんはもういいかなって思ってる。

**F**：これワタシらの真逆さを感じるよな、完全に真逆ww でも双子ってそうらしいで。

**A**：うん、片方が破天荒過ぎたらもう片方はちょっと引いちゃうし、片方が退屈過ぎたらもう片方は破天荒になっちゃうしってやつやろ？

**F**：うん。でも目指す場所は、お互い「自由」やんなやっぱり。

**A**：うんそう！1番のテーマは、絶対に「自由」！

**F**：やっぱり20代はお互いjumelleのこと考えて、家族のこと考えて、色んなものをまぁ犠牲にはしてたやん？ 楽しかったけど。

**A**：うん。やからやっぱりここからは、精神的自由じゃない？ ジブンの精神が赴くままに、自由に生きたい。何にも縛られたくない、まぁみんなやと思うけど（笑）

**F**：うん、行き着くとこはやっぱそこやなww

## ――――「ジブンにとっての幸せ」、幸せの本質を求める 10 年に。

：この本を通して、「無理せんでいい、今のままで十分ステキやから」って結構言ってきたやん？ そのままでいい、頑張り過ぎなくていいよって。でもそれって、ジブンにも言い聞かせてるんやなって思った。これからの 10 年、ほんまにジブンもそこを目指してて。やっぱりみんなどっか頑張り過ぎちゃうとこってあると思うから、「もっと気楽でいいじゃん」っていうのを次は見せたい。めっちゃ気楽に生きてるけどふみちゃんはあんなに HAPPY なんやっていうのを見せたいかな。

A：うーん。でもそれめっちゃ思う。旅行とかめっちゃ連れてってる人とか見て「すごいよな、私もそうしなあかんのかな」って思う人結構いるやん？でもワタシは全くそう思わんくてさ、ワタシにとって家で家族と一緒にご飯食べてることが旅行より幸せなことやから、したいならしたらいいやんって思うけど、「～せなあかん」みたいなのはしんどくない？って…。

F：確かにそやんな。幸せの本質を求める 10 年ですね。

A：ほんまやな。「ジブンにとっての幸せ」をちゃんと気づきたい。旦那と子どもと三人で家におれるだけでもうほんまに幸せやから、ワタシはそれをずっと大事にしていきたいなって、こうやって思うこの気持ちも。

## ――――「ジブンらしく」生きる。

A：あとは友達じゃない？ 友達と会ったらいつだって 10 代に戻れるやん？ 会うと 10 代の頃みたいにほんましょうもないことで永遠笑って、お腹ねじれそうになるみたいな。でもその時間がめーっちゃくちゃ幸せで。何も考えずに笑い合えるのがほんまに幸せやから、いくつになってもそうしてたいなっていっつも思う。

F：確かに。笑いたいよね、ただただ。でも学びたいこともめっちゃあるねん。やから、結局成長したい、ワタシ（笑）

A：www

F：今興味あるのが、空間デザインとかあと英語やろ？ 英語だけじゃなくて語学全般やな！語学にめっちゃ興味ある！今韓国語と日本語喋ってるけど、英語も喋りたいし、他の言葉ももちろん気になる。

A：すごいよなー、ふみってほんまにそれが。

F：でも言葉ってほんまに最高に面白いねんで。言葉から出てるねん、文化の違いって。文化好きなんよ多分。なんかそういうのも別に仕事に活かしたいわけじゃなく、ただ学びたい。

A：そういうのしてるふみ見てんのもあみは楽しい。

F：色んなことに手出すからな ww 多分どの段階のワタシに聞いても色んなことに興味があるで。

A：でもふみの人生って起伏が激しい、常に。「うぁぁぁぁスキー⤴」「やっぱキラーイ⤵」みたいな。

F：そうそうそうそう、すごいんよ ww

A：やから見ててこっちも面白いなって思う（笑）急にめっちゃ笑ってるけど、さっきまでめっちゃ怒ってたよな？みたいなふみが（笑）

F：ジブンらしい 10 年を過ごすわ、これからも。

A：うん、これ大事な課題よね。

F：やっぱノアを産んでからのこの 3 年「ジブンらしく」が 1 番難しかったからな。「ジブンらしく」ってなんなんやろって、日常に追われながらずっと思っとった。やからこそ 30 代は「ジブンらしく」生きる 10 年にしたい。

A：そうやな。

Our message from 10 years from now.

# 10年後のジブンたちへ

## FumiAmi For The FUTURE

We have been busy but having happy life right now. We wonder how we are when we reach 40 years old. On be half of us, we would like to leave a message from 10 years from now.

2023 ▸▸▸ 2033

## From 30歳のFumi

10年後の自分。まず今日も大好きな人たちに囲まれて爆笑してるかな?
今よりもっともっと気持ちが楽に毎日笑えてたらいいなぁと思います。
起業、妊娠、結婚とバタバタした20代。
30代はもう少し要領良く過ごせたのかな?
自分自身のこともそろそろよく理解してきたんじゃないかな?と思います。
今の私は周りのみんなにたくさん助けれらて毎日を過ごせてます。
30代はそのみんなに感謝をたくさん伝えて恩返しができてたらいいな。
10年後の私も、変わらずポジティブで、周りの人を大切に、
みんなから愛される人でいてほしいな。
あと、健康には気をつけて!笑 体を大切に、笑顔を忘れずに40代に突入!

---

## From 30歳のAmi

恋愛も仕事も遊びも全力で走り切った20代。私の人生に悔いなし!
いつでも今が1番楽しいってマインドで生きてきた!
始まったばかりの30代は、子育てに向き合うことが増えるのかな?
今は、右も左もわからない初めての子育てで不安もいっぱいだけど、
家族、友達、会社のみんなに支えられてなんとか頑張っています!
これからも感謝の気持ちを忘れず、私らしく頑張っていくよ!
40代に突入する10年後の私は、どんな日々を過ごしてるのかな?
今は全く想像もつかないけど、きっと今が1番楽しい!幸せ!
って言ってるんやろなぁ。
10年後には、家族でハワイ旅行に行けてたらいいなあ。笑

THIS IS FumiAmi

ありのままのワタシたち

THIS IS FumiAmi

SNSで活動をしてきて早13年ほど。自分たちの本を出版できる日がいつか来たらいいなぁと感じていたのですが、今回この様な形で自分たちの10年を綴れるような本を出版できて本当にうれしいです。

出版社の皆様と協力し合いながら、妥協のない仕事姿勢に感化され、本気で本の制作に向き合えたからこそ、嘘のない等身大の私自身を表現できたと思います。

日々応援してくださる皆様あっての私たちなので、感謝を忘れずに、皆様にどこか勇気や元気を与えられる存在であり続けたいと改めて感じました。これからも皆様にたくさんの幸せが訪れますように。

fumi

最後まで読んでいただきありがとうございます♡
この本を読んでふみあみのこと、より知ってもらえたかなと
思います！
今回自分たちの本を出すとお話を頂き、嬉しさの反面
不安な気持ちもありました。でも完成した本を前にして、
本当に作ってよかったなと思っています。
改めて自分って人を見つめ直すいい機会にもなりました！
この様な機会を下さったスタッフの皆様に感謝します。
そしていつも応援してくれているみんなにも感謝でいっぱい
です！
これからもみんなにたくさんの幸せが訪れますように。

ami

**FumiAmi**

人気アパレルブランド「jumelle」を運営する双子のインスタグラマー。SNSで自身のファッション・メイク・ライフスタイルを中心に発信。女性からの人気がとても高く、それぞれが一児の母でもあるということから、ティーンだけでなく同世代といった幅広い層から支持を受けている。

# THIS IS FumiAmi

2023年12月20日　初版第一刷発行

著　者　Fumi
　　　　Ami
発行元　Jane Publishers（株式会社QUINCCE）
発行人　長倉千春
連絡先　info@janepublishers.com

## Staff

編集者　Mizuho K.（@iam_____mizuho）
ﾃﾞｻﾞｲﾅｰ　Miho Aizu (@aizu_miho)
　　　　Akari Toga (@akaliy.t)
撮影者　Kazuha Takayanagi(@_z.u_)(@_uzstudio_)
ﾍｱﾒｲｸ　三井朱莉(hairmake blossom)（@akari_akari_hairmake）
ﾏﾈｼﾞﾒﾝﾄ　Nayumi Matsumoto